雾霾袭来，

我们如何应对？

燕鲁创作工作室　编

中国环境出版社

·北京·

图书在版编目（ＣＩＰ）数据

雾霾袭来，我们如何应对？/燕鲁创作工作室编.——北京：
中国环境出版社，2014.5

（公众环境保护与生态文明系列科普丛书）

ISBN 978-7-5111-1846-2

Ⅰ.①雾… Ⅱ.①燕… Ⅲ.①空气污染－影响－健康－普及读
物 Ⅳ.①X510.31-49

中国版本图书馆CIP数据核字（2014）第088566号

出 版 人　王新程
策划编辑　葛　莉
责任编辑　刘　杨　　董蓓蓓
责任校对　扣志红

出版发行　中国环境出版社
　　　　　（100062 北京市东城区广渠门内大街16号）
　　　　　网　　　址：http://www.cesp.com.cn
　　　　　电子邮箱：bjgl@cesp.com.cn
　　　　　联系电话：010-67112765（编辑管理部）
　　　　　　　　　　010-67113412（教材图书出版中心）
　　　　　发行热线：010-67125803
印　　刷　北京盛通印刷股份有限公司
经　　销　各地新华书店
版　　次　2014年5月第1版
印　　次　2014年5月第1次印刷
开　　本　880×1230　1/32
印　　张　1.5
字　　数　10千字
定　　价　7.50元

目 录

catalogue

编者的话

雾霾天气，已经成为社会热词和2013年全国十大热门新闻事件之一。雾霾的确给我们的生活和健康带来了不可忽视的影响，人们一度"谈'霾'色变"。

人们对"霾"的认识及其危害性从浑然不觉、司空见惯到骤然爆发、惊恐不已，并非一蹴而就，而是一个量变到质变的过程。当污染发展到严重程度后，雾霾才像沙尘暴、臭氧层"空洞"、全球变暖那样被我们后知后觉。"霾"并不是什么新鲜名词，早在两千多年前的《诗经》中就有了"霾"的记述。当然，雾霾并非我国独有，从20世纪30年代起，因为雾霾引发的环境公害事件在西方发达国家就曾屡屡发生。著名的伦敦烟雾事件、洛杉矶光化学烟雾事件、日本四日市哮喘事件等，都笼罩着"霾"的阴影。产生"霾"危害的罪魁祸首——$PM_{2.5}$污染物同样早已有之。其实，雾霾的产生是严重大气污染的必然结果，始作俑者归根结底还是我们人类自己。雾霾天气实际上就是"大自然的报复"！

霾既来，则须应对。在全国上下奋力实施《大气污染防治行动计划》的同时，我们一方面要自我反省，不再做$PM_{2.5}$和雾霾的"贡献者"；另一方面，也应学会尽量避免雾霾天气带来的危害。这正是我们出版本书的目的与期待。

本书在编绘时引用的部分资料，因种种原因无法与原作者联系，敬请谅解。

警惕！雾霾来袭

　　"雾霾"，这个在几年前人们还相当陌生的名词，如今已经是家喻户晓、耳熟能详。雾霾天气已经像沙尘暴、水污染、臭氧层"空洞"、全球变暖一样，影响着我们的日常生活和身体健康。

中央电视台的"霾"天气预警

　　2012年，中央电视台的气象预报节目开始出现"雾霾"这一名词。那时候，人们通常把"雾霾天气"与"大雾"混同，认为是能见度很低的浓雾天气。

　　2013年1月28日10时，中央气象台通过中央电视台发布了"霾"预警，当日18时继续发布了"霾"预警。这是中央气象台历史上首次发布"霾"预警。此前，只发布过"雾霾"预警和"大雾"预警。仅仅一年多时间，中央气象台就多次发布了"霾"预警，表明"霾"天气已经进入我们的日常生活中。

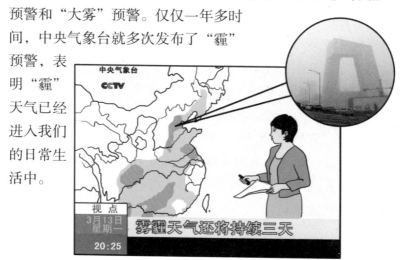

减少"雾霾"：国内"十大新闻事件"之一

截至2013年年底，我国的"雾霾天气"已波及到北京、天津、河北、江苏、上海、浙江、山东、湖南等25个省份、100多个大中型城市。2013年，全国平均雾霾天数高达29.9天，创自1961年之后52年来之最！

2013年，新华社评选了"国内十大新闻事件"，其中切实改善空气质量、减少"雾霾天气"发生的《大气污染防治行动计划》出台，成为其中一件关系到国计民生的重大新闻事件。

结膜炎

高血压

PM$_{2.5}$雾霾
会诱发多种疾病

咽炎

脑溢血

哮喘

气管炎

新气象符号 ——"霾"预警信号

中国气象局于2013年1月组织专家讨论了"霾"的强度标准，建议把"霾"分为轻度、中度、重度三个级别，并以黄色、橙色、红色表示，按照这一标准发布"霾"预警信号。

2013年1月28日，我国中东部地区出现了大范围的雾霾天气，导致空气质量持续下降。中央气象台在"大雾"蓝色预警之外，也同时发布了"霾"的黄色预警信号。从此，在中央电视台的气象预报节目里，增添了"雾霾"这个天气图标——"∞"：

何为雾霾？——从发达国家说起

　　"霾"被视为洪水猛兽，人们曾一度谈"霾"色变。当"雾霾天气"持续影响我们的日常生活时，正确地认识"雾霾"并采取科学对策减轻其影响与危害，是十分必要的。

"雾霾" 首现于发达国家

　　"雾霾"是世界性的问题，并非我国独有，而是从20世纪中期以后就在工业污染严重的发达国家陆续出现。1952年冬在英国伦敦发生了"烟雾污染事件"，20世纪40年代初在美国洛杉矶发生了"光化学烟雾事件"，20世纪60年代初在日本四日市发生了"哮喘事件"，均被列入"世界八大著名环境公害事件"。

　　这些大气环境污染事件具有几个共同的特点，即逆温层笼罩城区、风力小或寂静无风、空气中积蓄着大量的微细尘埃和二氧化硫等大气污染物。而这一些都是"雾霾天气"尤其是"霾"的基本成因。

英国伦敦的雾霾

印度新德里的雾霾

英国的雾霾博物馆

美国的雾霾

古已有之的"霾"

其实，"雾霾"和"霾"也并非什么新名词。早在2 500多年前，我国"四书五经"之一的《诗经》中便有记载——"终风且霾"的描述出现在春秋战国时期著名女诗人卫庄姜的《邶风·终风》中。空气中悬浮着的大量烟尘所形成的混浊现象，被女诗人用以喻情。

终风且霾，
惠然肯来，
莫往莫来，
悠悠我思。

在唐代著名诗圣杜甫的《兵车行》中，则描述了"霾"的景象和成因：大军车马过后，道路上的景象"车辚辚，马萧萧……尘埃不见咸阳桥"。

由此可见，我国古代先辈早就接触了"霾"这种天气现象。但这个"霾"和现在的"霾"，在内涵上有很大差别。

"霾"的演化

古人当时只把"霾"看做是一种由于尘埃过多而在风停后出现的天空灰蒙蒙的灰霾（古人也称为"烟霾"、"阴霾"）天气，而并非是我们今天遇到的大气遭到严重污染的现象。

近年来，随着全球性大气污染的加剧，"霾"这种天气现象逐渐在世界各地出现。我国在1936年刊行（1979年修订）的《辞海》中，就有了对"霾"的解释：**"大气混浊呈浅蓝色（以物体为背景）或微浮的细微烟、尘或盐粒所致。"**

2005年，世界卫生组织加强了对雾霾形成原因的科学研究，并对雾霾形成的"元凶"PM$_{2.5}$的年均浓度进行了限值。

"雾"与"霾"的区别

近年来,雾霾在我国已经成为与沙尘暴相仿的灾害性天气。尽管雾和霾都是一种天气现象,但是"雾"和"霾"是两个不同的概念。

"雾霾"是"雾"和"霾"的组合词。雾霾现象常见于城市。我国不少地区将"霾"并入"雾",一起作为灾害性天气现象进行预警预报,统称为"雾霾天气"。雾是由大量悬浮在近地面空气中的微小水滴或冰晶组成的、使能见度降低的自然现象,是近地面空气中的水汽凝结(或凝华)的产物。当空气中的湿度较高(相对湿度高于90%)、气温稍低、风速很小时,便容易出现雾。这也是秋冬季节的清晨容易出现雾,而中午则雾容易消散的缘故。由于水汽或冰晶组成的雾对波长不存在选择性散射,因而雾看起来呈乳白色或青白色和灰色。

由于雾是由水滴或冰晶组成的,它虽然降低能见度、影响汽车行驶或飞机起降,但是一般来说对于人体健康的影响不大(除非空气中含有较多的大气污染物)。

【绿色辞典】

能见度 能见度是指物体能被肉眼看到的最大的水平距离,也指物体在一定距离时被肉眼看到的清晰程度。在空气特别干净的区域,能见度能够达到70~100千米,而在当地有大雾(浓雾)或霾时,能见度甚至可降至为零。

霾则是由于空气中悬浮着大量的微细颗粒物（俗称为"尘埃"）所导致的浑浊天气现象，也是大气遭到严重污染而出现的浑浊天气现象。霾可使水平能见度降低到10千米以下，甚至可降至为零。

形成霾的空气湿度并不一定很大（相对湿度低于80％），这是雾和霾形成的气象条件的最大区别。相对湿度介于80％~90％之间时的大气混浊、视野模糊所导致的能见度恶化是雾和霾的混合物共同造成的，但其主要成分是霾。由于霾中的微细颗粒物散射波长较长的光比较多，因而霾看起来呈黄色或橙灰色。

在有霾的天气里，由于形成霾的微细颗粒物上黏附着相当多的有毒有害化学物质，有的微细颗粒物本身就是有毒有害化学物质，因此霾对人体健康有害。

三 雾　　　○○ 霾

相对湿度高于90％以上　　相对湿度低于80％

青蓝色　乳白色　纯白色　　黄色　橙灰色

雾霾从何而来？

由"雾"和"霾"不同的概念看得出来，在形成霾的空气里含有大量的微细颗粒物。正是它们使空气变得格外浑浊，从而出现了霾。这些通常被称为"尘埃"的微细颗粒物，正是产生霾的主要因子。

隐藏在空气中的尘埃家族

空气，也叫做大气，是指笼罩在地球外表面的一层气体，分布在距地球表面数千千米的高度范围内。空气实际上是混合物，它的成分很复杂。在空气中，除了几乎不变的恒定成分氮气、氧气以及稀有气体之外（约占99.9%以上），空气里还或多或少地含有极微量的灰尘等悬浮物杂质。可别小看了只在空气中占0.1%以下的悬浮物杂质，它们的作用可是非同小可。如果没有它们，光线就不能被散射，地球就会成为没有光的世界。然而，空气中的尘埃如果过多，尤其是含有有毒有害物质的尘埃过多，空气就变得浑浊，空气质量会明显恶化。

"同胞兄弟"中的 PM 10 与 PM 2.5

　　"尘埃"的科学名字叫做"大气颗粒物"，"颗粒物"的英文缩写为PM，泛指悬浮在空气中的固体和液体的微粒，是由尘埃、烟尘、盐粒、水滴、冰晶及花粉、孢子、细菌等组成的。这些颗粒物十分微细，其粒径范围从几纳米到100微米。人类的头发丝直径仅有50~70微米，也就是说空气中的最大的颗粒物也比头发丝粗不了多少。

　　在大气颗粒物中，对空气混浊度和人类健康影响和危害最大的是粒径小于（或等于）10微米和2.5微米的两类，分别叫做PM10和PM2.5。它们是尘埃中的"同胞兄弟"，PM10个头儿大，PM2.5个头儿特别小。

PM10也称为"可吸入颗粒物"，泛指直径小于或等于10微米的颗粒物，即直径仅相当于头发丝直径的五分之一左右。因为其粒径较小，能被人直接吸入呼吸道并造成健康危害而取其名。

PM10能在大气中长期飘浮，所以容易把污染物带到很远的地方，导致污染范围扩大。

PM2.5也称为"细颗粒物"或"可入肺颗粒物"，泛指直径小于或等于2.5微米的颗粒物，仅相当于头发丝直径的二十分之一左右。因为其粒径极小，能被人直接吸入肺部并滞留、沉积造成健康危害而取其名。PM2.5不仅能在大气中长期飘浮，而且还极容易吸附带有大量的有毒有害物质，比PM10飘浮和输送的距离更远，因而对人类健康和大气环境质量影响和危害更大。大量科学研究表明，PM2.5是形成"霾危害"的元凶。

形成雾霾天气的气象"帮凶"

　　大气中的PM2.5由于太小、太轻，在空气中与水滴、冰晶等均匀地混合在一起，很难沉降下来，会长久地悬浮在空气中，而且它的浓度受到气象条件与地理环境的影响，存在着明显的季节变化和地域差异特征。

　　一般来说，我国北方地区的PM2.5浓度通常高于南方地区，在远离人为活动的森林和沿海地区则相对较低。

在我国各地尤其是北方城市区域及周边地区，PM2.5的平均浓度在冬季最高，秋季与春季次之，而在夏季则最低。

这是由于冬天干旱少雨、风速缓慢，气象条件不利于污染物扩散，尤其是出现"逆温层"的几率很大，空气的垂直、水平流动和交换能力明显变弱，大量的PM2.5被滞留在低空大气层中，并逐渐积聚而形成霾。

而夏天潮湿多雨，降水多而频繁，有助于让雨水冲刷、夹带空气中的PM2.5沉降下来，大气中的尘埃总量会明显下降，因此夏季PM2.5浓度较低，不易于形成霾。

由此可见，雾霾天气形成的直接原因是空气中的污染物尤其是PM2.5和雾气无法扩散。它们聚集在一个小的区域范围内，相对浓度加大，再加上空气对流较弱，因而较容易形成霾。

　　不过，当刮风时，空气对流明显增强，空气中的污染物尤其是PM2.5和雾气很快被风吹散，PM2.5的浓度会迅速降低，大气的自净能力加强，特别是雨雪过后的晴天空气湿润，大气中的一部分污染物尤其是PM2.5会附着在雨滴或雪花上被去除；而刮风又可以明显地起到清洁空气、使大气污染物扩散的作用，因此在刮风、雨雪天气过后，雾霾天气会很快好转。

　　【绿色辞典】

　　逆温层　冬春时节的早晨或傍晚，在城市和市郊，常常见到烟雾上升到一定高度之后，就向水平方向飘浮起来，弥漫四方。在无风而降温剧烈的情况下，视野会变得模糊。这是由于空气中形成了逆温现象和逆温层，使低层空气迅速污染而造成的。有时候随着高度的增加，气温反而升高，这种现象称为逆温。出现逆温现象的大气层称为逆温层。受逆温层影响的地区，大气都趋于稳定，对流不易发生；因此，除寒潮所带来的逆温外，一般逆温现象都会引致地面风力微弱，导致空气中的悬浮粒子聚积，从而使空气质量变得恶劣。

PM 2.5 ——"民间热词"进入国家标准

过去,我国对大气中的悬浮颗粒物监测主要是针对 PM10 的,直到雾霾天气频繁出现后,对PM2.5的关注和监测提到了议事日程。2012年3月2日,环境保护部发布了新修订的《环境空气质量标准》,增加了PM2.5作为监测指标, PM2.5由"民间热词"变为国家评价空气质量的指标。

这是因为PM2.5才是雾霾中对人体健康危害最大的成分,其动力学当量直径小于2.5 微米,与PM10(直径小于10 微米)相比,更不易被阻挡,吸入后可直接进入支气管,干扰肺部的气体交换,引发哮喘、支气管炎等疾病;并可进一步通过支气管和肺泡进入血液,给人体带来更大的危害。

PM 2.5 —— "霾危害"的罪魁祸首

既然PM2.5才是导致霾产生危害的元凶与罪魁祸首，那么认识PM2.5的来源与具体危害，并且通过我们的努力减少PM2.5的产生和雾霾天气的发生，就十分必要。

PM2.5从哪里来？

PM2.5的来源非常广泛和复杂，除了火山爆发、森林火灾、飓风、土壤和岩石的风化等自然因素之外，更多的是我们的经济活动与日常生活消费活动所产生的。

目前，能够被确认的PM2.5的人为来源，包括燃料燃烧、工业烟气与粉尘、建筑工地扬尘、交通运输中的汽车尾气、人们不合理的生活消费活动等。

□ **燃煤污染**

作为主要的能源，我国煤炭消费量在2010年达到33.86亿吨，超过全球煤炭消费总量的一半。这不仅会消耗掉大量的不可再生的一次性能源，而且还会产生PM2.5等污染物。

由于我国大多数燃煤设施的除尘设备效率较低，一般只能脱除粒径较大的颗粒物，无法阻止像PM2.5这样小的微细颗粒物进入大气形成污染。而且，燃煤所产生的烟尘中多富集着有毒有害的重金属（如砷、铅、铬、汞、氟）及多环芳烃等有机污染物，容易致癌或致突变，因而对人体健康危害极大。

我国北方地区冬季取暖大多通过燃煤锅炉供热，烟尘中夹杂着大量的PM2.5，所以北方地区冬季的雾霾天气尤为严重。

□ **汽车尾气污染**

汽车尾气中含有大量的污染物已经是众所周知，殊不知汽车尾气中的微细颗粒物更是城市PM2.5的主要来源之一。

其中，柴油车的尾气中超过92%是直径2.5微米以下的微细颗粒物，原油燃烧排放气体中2.5微米以下的微细颗粒物更是占到了97%！此外，汽车的燃油品质尤其是含硫量较高的汽油和柴油、汽车运行中车轮对地面尘土的反复碾压磨碎，更是加剧了PM2.5的产生量。

□ 建筑工地扬尘

扬尘泛指产生于地球表面风蚀等自然过程，以及道路、农田、堆积场和建筑工地等人为产生的颗粒物。其中，建筑工地扬尘、裸露地的扬尘与道路场尘也是PM2.5的主要来源之一。据监测和研究，仅在北京地区，扬尘占全市PM2.5产生量的10%左右。

□ 工业烟气与粉尘污染

毫无疑问，工业生产中所产生的烟气和粉尘同样是大气中PM2.5的主要来源之一。其中，燃煤锅炉和工业窑炉，以及冶金、建材、化工、炼焦、有色金属冶炼、水泥、砖瓦等行业所排放的烟气和粉尘，是大气中PM2.5的主要来源。

PM2.5里究竟有什么东西？

　　PM2.5不仅颗粒度极其微小，能够长期悬浮在空气中，而且其组成十分复杂，包含的化学成分多达数千种以上。

　　产生PM2.5的物质，有些自身就是各种各样的环境污染物的微细尘粒；有些则是大气中的微小水滴所吸附的这些污染物。由于PM2.5中的污染物多是有毒有害化学物质，有些甚至还是具有致癌、致畸、致遗传基因突变（俗称为"三致"）的，因而一旦被吸入肺部，对人体健康的伤害特别大。

PM2.5对健康的危害不可小觑

　　PM2.5对健康的影响与危害是多方面的。

　　由于PM2.5属于可入肺颗粒物，一旦被吸入肺部，长期作用可使部分支气管和肺泡的换气功能下降和受损。尤其是那些吸附着有害物质的PM2.5会刺激或腐蚀肺泡壁，削弱呼吸系统的防御功能，引发支气管炎、咽喉炎、结膜炎、肺气肿和支气管哮喘等呼吸道疾病，甚至会使心肌缺血、心肌梗死、心力衰竭、心律失常和脑卒中等心脑血管疾病发生风险增高。

　　研究表明，大气中的 PM2.5 的日平均浓度每升高10微克/米³，肺癌死亡率会增加8%。

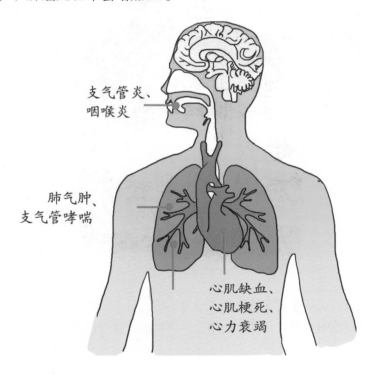

支气管炎、
咽喉炎

肺气肿、
支气管哮喘

心肌缺血、
心肌梗死、
心力衰竭

哪些人群最容易遭受PM2.5的危害?

研究表明,婴幼儿、儿童、老年人、糖尿病人、心血管疾病患者、有慢性肺部疾病(如支气管炎、肺气肿和支气管哮喘患者等)的病人以及肥胖人群,都对PM2.5的危害比较敏感。据估测,大气中的PM2.5的日平均浓度每升高20 微克／米³,儿童急性下呼吸道感染的风险将增加8%!

尤其是在雾霾天气中长时间地暴露于室外,会加快动脉粥样硬化和一些慢性疾病尤其是高血压、糖尿病的发病和恶化。

由于雾霾天气能够阻碍太阳辐射,降低紫外线辐射强度,因而在PM2.5污染严重的地区,一些呼吸道传染病、儿童佝偻病的发病率会增高。

上有政策——国家应对雾霾天气的举措

党和政府高度重视雾霾天气频发的状况，采取了一系列应对雾霾天气和PM2.5的对策。

城市空气质量监测和预报的"进化"

2012年3月2日，环境保护部发布了新修订的《环境空气质量标准》（GB 3095—2012）。在新的环境空气质量国家标准中，增加了"臭氧"和"颗粒物（粒径小于或等于2.5微克/米³，即PM2.5）"两项新的污染物浓度的环境监测项目，规定PM2.5的24小时平均浓度限值为35微克/米³（一级）和75微克/米³（二级），年平均浓度限值为15微克/米³（一级）和35微克/米³（二级）。与此同时，国家对影响大气质量的相关污染物最高浓度限值提出了更为严格的要求。

《环境空气质量标准》（GB 3095—2012）已首先在京津冀、长三角、珠三角等重点区域以及直辖市和省会城市、113个环境保护重点城市和国家环保模范城市相继实施；到2015年，全国所有地级以上城市都要实施。

大气污染防治行动计划

2013年9月12日，国务院发布了《大气污染防治行动计划》。国务院提出，全国上下通过五年努力，"到2017年，全国地级及以上城市可吸入颗粒物浓度比2012年下降10%以上，优良天数逐年提高；京津冀、长三角、珠三角等区域细颗粒物浓度分别下降25%、20%、15%左右，其中北京市细颗粒物年均浓度控制在60微克/米^{3}左右"。这是当前和今后一个时期全国大气污染防治工作的行动指南，也是减少雾霾天气发生所采取的国家重大举措。

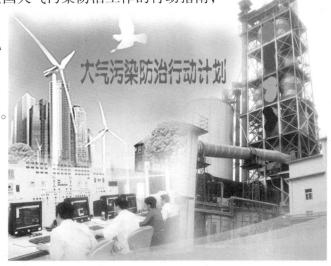

为了实现这个艰巨的目标，《大气污染防治行动计划》确定了十项具体措施，包括加大综合治理力度、减少污染物排放、调整优化产业结构、加快企业技术改造、加快调整能源结构、严格投资项目节能环保准入、健全法律法规体系、严格依法监督管理、建立区域协作机制等。这些措施对于改善我们的生活环境质量将有重大帮助。

□ 对重污染企业和高耗能企业再敲"警钟"

工业生产所排放的PM2.5，占PM2.5总量的8%～15%左右（据京津冀地区统计）。控制工业大气污染源排放，是向PM2.5宣战的"重头戏"。国家对重污染企业和高耗能企业再敲"警钟"，提出了全面整治燃煤小锅炉，加快推进集中供热、"煤改气"、"煤改电"工程建设，加快重点行业脱硫、脱硝、除尘改造工程建设，推进挥发性有机物污染治理等一系列行动措施。

□ "黄标车"的末路和汽油提质

机动车尾气排放所产生的PM2.5，占PM2.5总量的16%～24%左右（据京津冀地区统计）。国家采取了划定禁行区域、经济补偿等方式，逐步淘汰"黄标车"和老旧车辆。到2015年，淘汰2005年年底前注册营运的"黄标车"，基本淘汰京津冀、长三角、珠三角等区域内的500万辆"黄标车"。到2017年，基本淘汰全国范围的"黄标车"。

与此同时，国家还采取强硬措施提升燃油品质。在2017年底前，全国均供应符合国家第五阶段标准的车用汽油、柴油。

【绿色辞典】

黄标车　"黄标车"是高污染排放机动车辆的别称，因其贴的是黄色"环保标志"，因此称为"黄标车"。根据车辆注册登记的车型型号和尾气排放环保检验合格情况，机动车在年检后，对尾气排放环保检验符合国Ⅰ标准及其以上的汽油车、符合国Ⅲ标准及其以上的柴油车，核发绿色环保标志，其余车辆核发黄色标志。黄标车大多是于1995年以前领取牌证的老车，尾气排放量相当于新车的5～10倍。一些城市已对黄标车采取限行乃至淘汰的措施。

□ 发展清洁能源——让燃煤退出主要燃料的历史舞台

燃煤所产生的PM2.5，占PM2.5总量的19%～34%（据京津冀地区统计）。而减少燃煤烟尘污染的根本出路，在于发展清洁能源。为此，国家在控制煤炭消费总量的同时，加快了清洁能源替代利用的步伐。出台了加大天然气、煤制天然气、煤层气供应和发展水电，开发利用地热能、风能、太阳能、生物质能，安全高效发展核电等一系列措施。

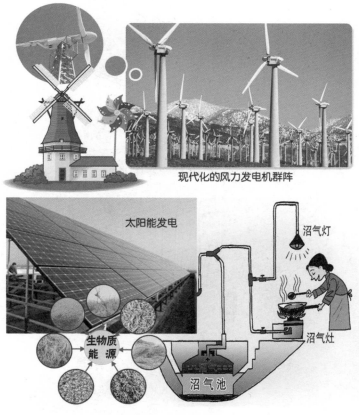

现代化的风力发电机群阵

太阳能发电

沼气灯

生物质能源

沼气灶

沼气池

形形色色的清洁新能源

□ 控制城区扬尘——建筑业首当其冲

扬尘所产生的PM$_{2.5}$，占PM$_{2.5}$总量的6%～7%（据京津冀地区统计），其中又以建筑工地扬尘最多。国家为此推出了"加强施工扬尘监管，积极推进绿色施工，建设工程施工现场应全封闭设置围挡墙，严禁敞开式作业，施工现场道路应进行地面硬化。渣土运输车辆应采取密闭措施，并逐步安装卫星定位系统"等一系列强制性行动措施。

提高意识——不做雾霾形成的"贡献者"

"防治灰霾，人人有责"，防治大气污染不仅是国家、各级政府和企业的事，而是我们每一个人的责任。我们是雾霾污染的受害者，同时，我们在日常生活中的一些不文明行为，也在一定程度上催生了雾霾。

我们也在催生PM2.5

当我们在热议PM2.5与雾霾天气、批评大气污染时，可曾想到过，在城市大气污染问题上，我们真的只是受害者吗？难道我们不也是施害者吗？

城市污染是从哪里来的？不是外星人排放的，不只是污染企业排放的，许多污染正来源于我们自己。例如，城市空气污染很大部分都来自机动车，然而都是谁在开车呢？有些人一边开着大排量高能耗的汽车，一边谴责空气质量越来越差。其实，我们是不是也要把自己的责任纳入其中呢？应该说，我们每个人对于PM2.5与雾霾天气的产生都有责任。我们的一些不良生活习惯也在催生着PM2.5与雾霾天气的加剧！

☐ 餐饮业油烟污染

☐ 露天焚烧（垃圾、树叶、农作物秸秆）

□ 烧散煤的炉灶

□ 露天烧烤

□ 随意燃放烟花爆竹

从身边做起，让PM2.5远离

我们每个人的微小行动都关乎到环境质量的变化，在雾霾和PM2.5污染来临后，从身边的小事做起，从现在做起，大力倡导绿色消费和低碳生活，就必定会对减少雾霾和PM2.5污染作出应有的贡献。

在日常生活中，一些绿色行为不仅可以减少资源浪费和废物排放，同时也可减少雾霾和 PM2.5 污染的产生和形成。

☐ 少开一天车

☐ 多坐公交车

☐ 多种一棵树

□ 使用新能源

□ 不再烧散煤

□ 骑骑自行车

□ 不搞自驾游

☐ 不要长流水

☐ 随手关电灯

☐ 吃饭要"光盘"，
就餐打包好

☐ 尽量少吸烟

下有"对策"——防霾八招

据估计，当前频繁出现的雾霾和PM2.5污染并非一朝一夕就可以消除，恢复神州处处是蓝天的空气清新景象尚待时日。一方面，我们不必"谈'霾'色变"，而应通过全社会的努力驱除雾霾和PM2.5污染；另一方面，也可以尽量采取一些措施，减轻雾霾和PM2.5污染对身体健康的影响与危害。

当雾霾袭来 —— 减少不必要的外出

雾霾天气出现时，空气中悬浮着大量不易扩散的PM2.5污染物。因此，尽量少出门可以避免霾和PM2.5的污染危害。

尤其是在当地气象台通过媒体发布霾黄色预警或橙色预警之后，呼吸道疾病患者更应当尽量减少外出，必须外出时应当戴上口罩。

在当地气象台通过媒体发布了霾红色预警预报之后，人们应当停止户外活动，并且关闭室内门窗，等到预警解除后再开窗换气；儿童、老年人和易感人群更应留在室内，切勿外出。

合理运动——莫让锻炼变"吸尘"

雾霾天不宜在室外从事锻炼活动。雾霾天气时，空气中的PM2.5污染物和细菌较多，尤其是清晨更是如此。晨练时，人体需要的氧气量增加，随着呼吸的加深，雾霾中的PM2.5污染物和细菌等有害物质会被大量吸入呼吸道，从而危害健康。

因此，遇上雾霾天气，最好暂停户外锻炼，改在室内进行。如果需要进行户外运动，也应当选择在中午雾少时进行。

雾霾天只能在室内活动，不宜在户外锻炼

室内通风——开窗还是关窗？

不要觉得在雾霾天气时室内就不需要通风换气了。因为家里会有厨房油烟污染、家具添加剂污染等，如果不通风换气，污浊的室内空气同样会危害健康。但是当雾霾天气发生时，在通风换气的时候往往会使室外被污染的空气涌入室内。为了减少PM2.5污染物涌入室内的几率，办公室和家里既不能不开窗，也不能盲目开窗，通风换气最好选择中午阳光最强的时候，持续时间在20～30分钟为宜。

在雾霾天频频发生时，使用室内空气净化器也是一种降低室内污染物浓度、提高室内空气质量、增进居室健康舒适的方法。在选择室内空气净化器时，要注意选择净化效率较高、净化空气量较大、最好带有HEPA滤网（高效微粒空气过滤膜）、不会产生其他有害副产物的室内空气净化器。

口鼻"把门"——戴口罩讲科学

雾霾天的PM2.5浓度很高，出门戴口罩和穿长衣、戴帽子，对于减少人体对PM2.5的接触有效。尤其是戴口罩，不仅可滞留并阻止吸入PM2.5污染物，有效地保护健康人群的心血管系统，还可以防止心血管疾病、呼吸系统疾病患者症状的恶化或发作。

不同类型的口罩对PM2.5的阻挡效果不一样，例如职业防尘口罩（如N95、KN90）对PM2.5的阻挡效率达97%以上；医用外科口罩的阻挡效率在80%左右；即便是普通的多层棉纱口罩的阻挡效率也可以达到30%左右。普通市民平常外出戴多层棉纱口罩也可以减少$PM_{2.5}$的吸入与危害。

口罩分为耳戴式和顶戴式两种，佩戴时要要注意以下几点：

选对型号 职业防尘口罩和医用外科口罩的价钱较贵，体弱人群尤其是心、肺疾病患者不宜佩戴。

贴合脸型 选择职业防尘口罩最好在医生指导下购买，而且一定要贴合脸型，不能让口罩和脸颊留有缝隙。

职业防尘口罩和医用外科口罩 使用过两三次就不能再用。

纱布口罩 可以反复使用，但是回家后应当及时清洗和消毒。

清洁"三部曲" —— 洗脸洗鼻洗口罩

在雾霾天气外出时，皮肤和鼻腔、口罩都会黏附较多的PM2.5污染物，倘若不及时加以清除，会对身体健康造成侵害。因此在外出归来回到室内后，应当逐步施行"雾霾保健三部曲"：

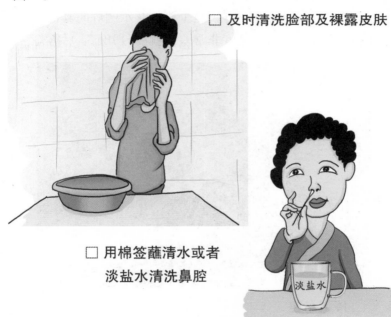

□ 及时清洗脸部及裸露皮肤

□ 用棉签蘸清水或者淡盐水清洗鼻腔

□ 及时清洗口罩并在阳光下晾晒消毒

驾车外出——"有车一族"请注意

在雾霾天气时，空气能见度会非常差，飘浮在空气中的细微颗粒会阻碍视线，所以为了自己和他人的安全，"有车一族"在驾车时也应注意采取以下措施：

□ 打开车灯

务必在行车时打开车灯，至少要打开示阔灯向其他车辆提示你的位置。如果能见度非常差，就要打开前、后雾灯。

□ 降低车速

雾霾中行车时，要严格遵守交通规则限速行驶，千万不可开快车。雾越大，可视距离越短，车速就必须越低。

当能见度小于200米大于100米时，时速不得超过40～60千米。

能见度在30米以内时，时速应控制在20千米以下。

如果能见度在10米以内，则应当停在路边不要再往前行驶，并且注意一定要找一个安全的地方停车。

□ 尽量不开车窗

在雾霾天气行车，尽量不要打开车窗通风。

□ 选好车道

雾霾天的能见度很差，因此在驾车行驶的时候，如果是单向三条车道的话，尽量行驶在中间的车道，这样道路两边如果出现什么情况，也好及时处理。

关注预警 —— 雾霾信息早知道

雾霾天气一旦出现，中央气象台和当地气象台会发布"雾霾预警"预报。我们可以通过"雾霾预警"的预报等级决定自己的活动。

☐ "霾"黄色预警

（1）机动车驾驶人员应当小心驾驶。

（2）呼吸道疾病患者尽量减少外出，外出时应当戴上口罩。

霾黄色预警信号
未来24小时内，能见度小于3 000～5 000，PM$_{2.5}$浓度大于为150～250微克／米^3。

霾橙色预警信号
预计未来6小时内能见度＞2000米的霾

☐ "霾"橙色预警

（1）机动车驾驶人员必须谨慎驾驶。

（2）人们要减少户外活动，尤其是呼吸道疾病患者尽量避免外出，外出时应当戴上口罩。

□ "霾"红色预警

（1）排污单位采取措施，控制污染工序生产，减少污染物排放。

霾红色预警信号
预计未来24小时内能见度小于1 000~5 000米的霾。PM$_{2.5}$浓度大于为250~500微克／米^{3}或以上。

（2）停止室外体育赛事；幼儿园和中小学停止户外活动。

（3）停止户外活动，关闭室内门窗，等到预警解除后再开窗换气；儿童、老年人和易感人群留在室内。

（4）尽量减少空调等能源消耗，驾驶人员减少机动车日间加油，停车时及时熄火，减少车辆原地怠速运行。

（5）外出时戴上口罩；尽量乘坐公共交通工具出行，减少小汽车上路行驶；外出归来后，要立即清洗唇、鼻、面部及裸露的肌肤。

排污单位减少污染物排放

回家立即清洗

出门戴口罩

"清肺食物"——靠谱不靠谱？

雾霾和PM$_{2.5}$污染物影响健康已是众所周知，那么能不能通过饮食减少吸入肺部的PM$_{2.5}$的危害呢？

PM$_{2.5}$被吸入肺部后，容易使肺功能下降和受损；雾霾天还使人体对钙的吸收功能下降。在积极预防雾霾和PM$_{2.5}$污染物危害的同时，适当吃一些滋阴润燥、生津养肺、止咳化痰的"清肺食物"和补钙食物有助于身体健康。

这些"清肺食物"常见的有梨、百合、萝卜、木耳（最好是银耳）以及罗汉果茶等；补钙食物常见的有豆制品、牛奶等。但是，所谓的"清肺食物"只能减少吸入肺部的PM$_{2.5}$对肺功能的损害，并不能清除进入肺部的PM$_{2.5}$污染物，即只能治"标"而不能治"本"。要抵御PM$_{2.5}$对肺功能的危害，归根结底还是要从我做起减少大气污染，减少雾霾和PM$_{2.5}$的产生。

豆制品　　萝卜　　梨

这些真能清肺吗？

木耳　　银耳　　罗汉果茶　　百合